厨房里的科学

厨房里的物理

滑溜溜王国历险记

柔萱　陈怡萱　编著

石油工业出版社

图书在版编目（CIP）数据

厨房里的物理. 滑溜溜王国历险记 / 柔萱，陈怡萱
编著. -- 北京：石油工业出版社，2024. 12. -- ISBN
978-7-5183-7073-3

Ⅰ. O4-49

中国国家版本馆CIP数据核字第2024W0W667号

厨房里的物理　滑溜溜王国历险记

柔萱　陈怡萱　　编著

出版发行：石油工业出版社

　　　　　（北京安定门外安华里 2 区 1 号楼 100011）

网　　　址：www.petropub.com

编 辑 部：（010）64523689

图书营销中心：（010）64523633

经　　销：全国新华书店

印　　刷：北京中石油彩色印刷有限责任公司

2024 年 12 月第 1 版　2024 年 12 月第 1 次印刷

850 毫米 ×1000 毫米　开本：1/16　印张：5.5

字数：61 千字

定价：49.80 元

（如出现印装质量问题，我社图书营销中心负责调换）

前　言

厨房里有什么？你一定会说：有柠檬、菠萝、紫甘蓝，有白醋、食盐、小苏打，有筷子、汤勺、饼干盒，还有热汤、面包、白米饭……

可是，你知道吗：柠檬竟然能发电！玻璃杯能吞鸡蛋！纸杯可以用来烧开水！饼干盒居然能往高处跑！汤勺摇身一变成了哈哈镜！小小药瓶能变成随意沉浮的潜水艇！

翻开这本书，你就如同走进了一个妙趣横生的科学王国。这里有充满好奇心的牛小顿、知识渊博的怪博士、善良可爱的嘟嘟国王、细致周到的慢吞吞小姐……他们在小小的厨房里，用一个个风趣幽默的故事，为我们呈现出一场场精彩的科学盛宴。

故事中疑点重重，别着急！"物理来揭秘"板块用物理知识，深入浅出地为你释疑解惑，揭开日常现象中所包含的科学原理。

"厨房是个实验室"板块里有许多富有创意的科学小实验。小实验用到的实验器材都是厨房里的常见物品，轻松可得。科学实验卸下了它的严肃和刻板，变得有趣又亲切。

在这里，厨房不仅仅是烹饪的场所，更是小朋友们爱上科学、探索科学的起点。

目　录

谁是大力士——杠杆 ………………………………… 01

"最强好奇心"冠军——惯性 ………………………… 15

都是重力惹的祸——重力 …………………………… 29

魔法师的新魔法——重心 …………………………… 43

滑溜溜王国历险记——摩擦力 ……………………… 57

浮浮沉沉的愿望瓶——浮力 ………………………… 71

谁是大力士
杠杆

稀奇古怪国举办"大力士争霸赛"。

第一轮开瓶盖，慢吞吞小姐用什么把瓶盖打开了呢？

第二轮剥核桃，慢吞吞小姐用什么把硬邦邦的核桃皮捏碎了呢？

第三轮挪动菠萝蜜，慢吞吞小姐怎样做，把一个超大菠萝蜜轻轻松松移出很远呢？

稀奇古怪国每年都要举办一次大型比赛。前年举办的是"嗑瓜子大赛"，比赛选手飞快地嗑瓜子，在规定时间内，谁磕的瓜子最多，谁就当选为"瓜子大王"；去年举办的是"故事大王比赛"，比赛选手要一直滔滔不绝地讲故事，谁讲得好，谁就当选为"故事大王"。今年的比赛比什么呢？

牛小顿记忆力比较强，他提议："就比谁的记忆力好吧。在规定的时间内，谁背下来的古诗最多，谁就当选为'记忆超人'。"

"不，不，不！"黑熊警长反对，"我一背东西就头晕。"

咕噜魔法师提议："来个魔法大比拼怎么样？谁能把一块面包变出最多花样，谁就当选为'金牌魔法师'。"

"不不不！"大家一起反对，"我们都不会魔法。"

那么，到底比什么好呢？

黑熊警长想了想，提议："不如我们比谁的力气大吧，谁的力气最大，谁就当选为'大力士'！"

"好好好！"大家都跃跃欲试。

第二天，"大力士争霸赛"开始啦！

第一轮比赛：开瓶盖。

主持人嘟嘟国王从厨房里拿来几瓶啤酒。他把啤酒排成一排放到桌子上，开始介绍比赛规则："谁能把啤酒瓶的瓶盖打开，谁就能顺利进入下一轮比赛。"

"我来试一试！"咕噜魔法师第一个上台尝试。他使劲儿用手拧，用力掰，用牙齿咬……各种方法都用了个遍，可瓶盖还是纹丝不动。"唉！"咕噜魔法师叹了一口气，摇摇头，走到一边。

接着，怪博士、哎哟哟医生和牛小顿一个接一个登场，谁都没能

把瓶盖打开。

"让我来试试。"急匆匆先生飞身上场，用牙齿使劲儿一嗑，砰！瓶盖开了。

哈！好硬的牙齿！人群一阵欢呼。

"还有我呢！"黑熊警长瓮声瓮气地说着走上场。他拿起啤酒瓶，用手使劲儿一掰，瓶盖开了。

"不愧是黑熊警长，简直是力大无比！"人们一阵赞叹。

"我也来试一试吧。"一个慢悠悠的声音传来。人们回头一看，惊讶地发现，说话的原来是瘦瘦小小的慢吞吞小姐。

嘟嘟国王忍不住问："你连说话都有气无力、慢慢吞吞的，怎么能有力气开瓶盖呢？"

"开瓶盖，简简单单。"慢吞吞小姐微微一笑，从厨房里拿来一个开盖器。她把瓶盖放在开盖器缺口处卡紧，然后握住开盖器的一端，只轻轻一抬——砰！瓶盖竟然轻松打开。

哇！好厉害！人们简直都看呆了。过了好半天，会场里才响起一阵热烈的掌声。

于是，急匆匆先生、黑熊警长和慢吞吞小姐进入第二轮比赛。

第二轮比赛：剥核桃。

嘟嘟国王拿来三个一模一样的大核桃，分别交给三名参赛选手："谁能把大核桃剥开，谁就能进入决赛。"

"看我的！"急匆匆先生还是用牙齿。他飞快地把大核桃放到嘴边，用牙齿使劲儿一咬，咔嚓！核桃皮完好无损，急匆匆先生的牙齿却碎了！他疼得捂着嘴嗷嗷直叫，慌慌张张地下了场。

黑熊警长把大核桃放在地上，举起拳头，照着地上的核桃使劲儿一捶——啪！大核桃碎成了两瓣儿。黑熊警长的手也捶得通红，他甩着手，疼得直咧嘴。

哇！黑熊警长果然名不虚传，勇敢坚强又有力量！人们一阵赞叹。

最后，慢吞吞小姐不慌不忙地出场，从厨房里取来一把长柄钳子。她把大核桃用钳子夹好，轻轻一捏——咔！核桃皮顿时碎成了好几瓣儿。

天哪！人们被惊得目瞪口呆。

于是，黑熊警长和慢吞吞小姐进入决赛。

第三轮决赛：挪动菠萝蜜。

"嘿哟，嘿哟！"几个人汗流浃背地抬来两个一模一样的超大菠萝蜜，把两个大菠萝蜜并排放在台上。

主持人嘟嘟国王介绍决赛规则："请决赛选手移动菠萝蜜。谁把菠萝蜜移动的距离更远，谁就当选为稀奇古怪国的大力士。"

"我先来！"黑熊警长用力抱起一个大菠萝蜜。他咬紧牙，脸憋得通红，走了十几步，再也走不动了，咚的一声，把菠萝蜜扔到地上，弯着腰直喘粗气。

"看我的。"慢吞吞小姐不紧不慢地从厨房里拿来一根长长的擀面杖和一个小木块。她把长擀面杖一头放到菠萝蜜下面，小木块摆到擀面杖下面靠近菠萝蜜的地方。摆放好这些，慢吞吞小姐不慌不忙地用手在长擀面杖另一头向下一压——咕噜，超大菠萝蜜竟然被撬得往前滚了一下。

慢吞吞小姐不停地摆一摆，撬一撬，大菠萝蜜不停地向前滚呀滚，很快就超过了黑熊警长的菠萝蜜。

真是不可思议！人们简直都有点儿不相信自己的眼睛。

大力士争霸赛结束了，慢吞吞小姐当选为稀奇古怪国的大力士！

黑熊警长很不服气，他怎么也想不通：明明自己的力气很大很大，可为什么输给了瘦瘦小小、连说话都有气无力的慢吞吞小姐呢？

物理来揭秘

杠杆是在力的作用下，可以绕着固定点转动的硬棒。它能让小小的力发挥出大大的能量。

杠杆由三部分组成：动力臂、阻力臂、支点。

杠杆处于平衡状态时，动力 × 动力臂 = 阻力 × 阻力臂。

（1）如果动力臂＞阻力臂，那么动力＜阻力，这种杠杆是省力杠杆。省力杠杆能省力，比如故事里慢吞吞小姐用的开盖器、长柄钳子和撬菠萝蜜用的擀面杖都属于省力杠杆。

（2）如果动力臂＜阻力臂，那么动力＞阻力，这种杠杆是费力杠杆，费力但是省距离。比如，筷子、船桨、钓鱼竿等都是费力杠杆。

（3）如果动力臂＝阻力臂，那么动力＝阻力，这种杠杆是等臂杠杆，既不省力也不费力。比如，跷跷板、天平等都是等臂杠杆。

注：图中 O 是支点，L_1 是动力臂，F_1 是动力，L_2 是阻力臂，F_2 是阻力。

筷子

　　吃饭时，筷子能很灵巧地帮我们夹食物。小朋友，拿起一双筷子试一试，你会发现，两根筷子中，上面一根筷子动作灵活，叫动筷；下面一根筷子相对静止，叫静筷。夹菜时，动筷以拇指压住的地方为支点，在食指的作用力下，绕着支点旋转，控制筷子张开、合上。所以，这根动筷就是一个杠杆。

　　由图可以清楚看出，筷子杠杆中，动力臂小于阻力臂，所以筷子是一个费力杠杆。

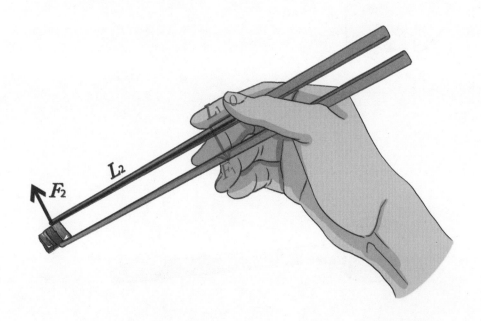

厨房是个实验室

"炮弹"发射

🔍 实验准备

橡皮　纸巾　小勺

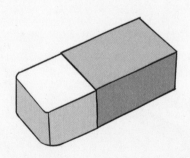

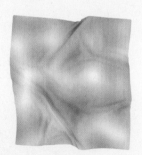

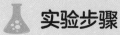 **实验步骤**

（1）把纸巾撕下一小块，揉成一个小纸球，当作"炮弹"。

（2）把橡皮平放在桌子上，小勺搭在橡皮上，勺头离橡皮远，勺尾离橡皮近。

（3）把小纸球放在勺子里。

（4）用手指按勺子尾部，小纸球像炮弹一样发射出去了。

（5）移动勺子，使勺头离橡皮近，勺尾离橡皮远。

（6）把小纸球放在勺子里。

（7）用手指按勺子尾部，小纸球像炮弹一样发射出去了。

（8）观察一下，发现小纸球第一次发射得要比第二次远。

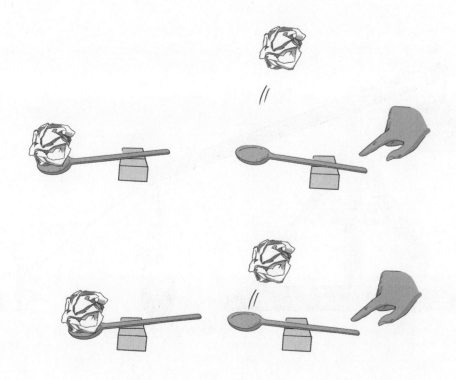

在这个实验里，用手指按压小勺，小勺绕橡皮转动，就构成了一个杠杆。这个发射"炮弹"装置像古代的投石机一样，利用了杠杆"费力省距离"的原理，通过在力臂短的一端施加一个短促的向下的作用力，使力臂长的一端获得向上的作用力，把小纸球抛出，力臂越长，小纸球抛出的距离就越远。

"最强好奇心"冠军

惯性

　　"最强好奇心"冠军牛小顿兴冲冲地跑进"香喷喷"大饭店，想要美美地大吃一顿，结果却状况百出。牛小顿脑子里冒出一连串小问号。

　　这些小问号是什么？

　　最后，这些小问号找到答案了吗？

　　牛小顿帮嘟嘟国王解决了一个什么问题？

　　今天是个好日子，牛小顿荣获稀奇古怪国首届"最强好奇心"决赛冠军！

　　牛小顿很高兴，心想：我得美美地大吃一顿，好好庆祝庆祝！于是，他兴冲冲地跑进"香喷喷"大饭店。刚进饭店，迎面走来笨笨熊厨师。笨笨熊厨师手里端着一大盘红烧肉。

"别跑啦！"笨笨熊厨师对着牛小顿大叫。

牛小顿急忙收住脚，可是，脚虽然停住了，身体却不听使唤，还是禁不住往前扑。砰的一声，牛小顿的脑袋正好撞到笨笨熊厨师的肚子上。

笨笨熊厨师被撞得后退几步，盘子还拿在手里，可盘子里的红烧肉却飞了出去——几块红烧肉刚好飞到牛小顿脑袋上，顿时，他的脑袋上就像开了酱肉铺。

"哎呀呀！都怪你！怎么能在饭店里跑来跑去、横冲直撞呢？"笨笨熊厨师没好气地埋怨牛小顿，"你瞧！顾客点的红烧肉被你给撞飞了。还有，如果我端的是一锅热汤，你可能早被烫成水煮肉了！多危险哪！"

"对不起，对不起！"牛小顿一个劲儿地向笨笨熊厨师道歉。他边道歉边伸手抹了一把脸上的红烧汁，然后顺手往后一甩——"可恶！"身后传来瘦公主的尖叫声，"我的新鞋子被你弄脏了！"

牛小顿忙回头，发现自己手上甩下来的油点子，刚好落到了瘦公主的新鞋子上。

"对不起，对不起！"牛小顿又忙着向瘦公主道歉。这时，"最强好奇心"冠军的好奇心突然涌了上来，牛小顿脑子里接连冒出好几个小问号：

为什么我的脚停住了，可身体却还往前扑？

为什么盘子还好好地端在笨笨熊手里，可盘子里的红烧肉却飞了出来？

为什么我甩甩手，油点子没有掉到手下面的地上，而是落到了身后瘦公主的鞋子上？

牛小顿顾不上吃饭，忙跑去找怪博士问个清楚。他走出饭店，坐上了去怪博士家的公交车。公交车向前驶去。突然，公交车吱嘎一个急刹车，牛小顿身体向前倾，咚一声，脑袋磕到前面椅背上。

"哎哟……哎哟！"牛小顿脑袋上磕出个红疙瘩，疼得直想哭。

牛小顿捂着脑袋，来到怪博士家。

怪博士听了牛小顿一连串的小问号，忍不住笑了："你的问题可

真多，不愧是'最强好奇心'冠军哟。"他告诉牛小顿："其实，这都是惯性在作怪。"

"惯性？"牛小顿好奇地挠挠头，"什么是惯性？"

"惯性就像一个懒人。"怪博士说，"物体因为有了惯性，总想保持原来的运动状态，懒得改变。"

"可是……"牛小顿忍不住问，"这和我的身体往前扑、盘子里的红烧肉飞出来，还有手上的油点子往后飞，有什么关系？"

"当然有关系，这些都是因为惯性。运动的物体会一直运动下去，静止的物体会一直静止下去，直到有外力迫使它改变运动状态。"怪博士不紧不慢地解释道，"你的脚停住了，可身体由于惯性，还会保持原来向前冲的状态，接着向前冲，这才扑倒在笨笨熊厨师身上；笨笨熊厨师被你撞得身体和手里的盘子一起猛地向后运动，可盘子里的红烧肉由于惯性，还会保持原来向前运动的状态，接着向前运动，才掉到了你的头上；你向后下方甩手，手虽然停住了，可手上的油点子离开手以后，由于惯性还保持着向后下方运动的状态，接着向后下方运动，直到落到后面瘦公主的鞋子上。"

"哈！我知道啦！"牛小顿恍然大悟，"公交车一刹车，我的脑袋磕到前面座椅靠背上，这也是因为惯性。公交车虽然停住了，可我由于惯性，还保持着原来往前运动的状态不变，所以身体会往前倾，脑袋正好磕到前面背椅上。"

"对对对！"怪博士连连点头，"仔细观察，你会发现生活中有许许多多惯性的身影。"

真的吗？牛小顿一面往家走，一面留心观察：

他看到慢吞吞小姐在拍打衣服，衣服上的尘土被拍掉，这是由于

惯性；他看到急匆匆先生在踢足球，足球离开脚后还能在空中飞行，这是由于惯性；他看到咕噜魔法师把魔法帽往上抛，魔法帽离开手后还继续往上飞，这也是由于惯性。

走到嘟嘟国王家门口时，牛小顿听到嘟嘟国王在不耐烦地嚷嚷："哎呀呀，到底哪一个是生鸡蛋，哪一个是熟鸡蛋呀？"

牛小顿急忙走进去看，只见嘟嘟国王愁眉苦脸地坐在桌子前，桌上放着两个鸡蛋。看到牛小顿，嘟嘟国王皱着眉说："我从厨房拿来一个熟鸡蛋，刚要吃，屋里电话响了，于是我把鸡蛋放到桌子上去接电话。我接完电话回来，发现胖公主又在桌子上放了一个生鸡蛋。两个

鸡蛋看起来一模一样，到底哪一个才是我的熟鸡蛋呀？"

牛小顿想了想，一拍胸脯说："别着急，我有好办法，保证能帮您找出熟鸡蛋。"

牛小顿说完，用手使劲儿让两个鸡蛋转动起来，再用手把两个鸡蛋同时按停，然后迅速松开手，一个鸡蛋继续转呀转，另一个鸡蛋静止不动。牛小顿拿起静止不动的鸡蛋，递给嘟嘟国王："这个就是你的熟鸡蛋。"

"真的吗？"嘟嘟国王半信半疑地打开鸡蛋一看，连声惊呼，"果然是耶！为什么你不用打开鸡蛋，就能把熟鸡蛋找出来呀？"

牛小顿笑嘻嘻地答："因为惯性哦。"

物理来揭秘

　　物体具有保持原来运动状态不变的性质，叫惯性。你有惯性，我有惯性，一切物体都有惯性。

　　比如拍打衣服时，衣服在拍打力的作用下由静止开始运动，而衣服上的尘土由于惯性，仍然保持原有静止状态不变，所以灰尘脱离了衣服，在重力作用下掉了下来。

　　转动鸡蛋，然后用手按停再松手，如果鸡蛋仍然转动，这个鸡蛋就是生鸡蛋。因为生鸡蛋的蛋壳、蛋液是分开的，用手按停蛋壳，蛋壳停止转动，而里面的蛋液由于惯性会继续转动，从而带动蛋壳也一起转动起来；如果是熟鸡蛋，蛋壳、蛋液是连在一起的整体，所以用手按停蛋壳，整个鸡蛋就停止转动了。牛小顿就是用这个方法，帮嘟嘟国王找出了熟鸡蛋。

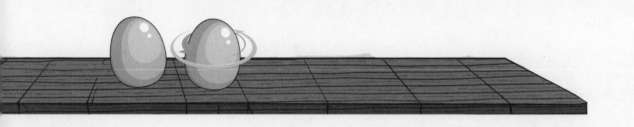

人在走路时，踩到西瓜皮，为什么会向后摔倒？

当人向前走，突然踩到西瓜皮时，脚和地面之间的摩擦力突然变小，下半身向前运动的速度突然加快，可是，上半身由于惯性还保持着原来的速度。于是，上半身向前的速度比下半身向前的速度要慢很多，人的身体就向后摔倒了。所以，小朋友们千万不要在地上乱扔西瓜皮、香蕉皮等果皮哦。

橘子爬杆

🔍 实验准备

橘子　筷子　锤子

实验步骤

（1）把筷子较细的一端插进桔子，并穿透过去。

（2）用手捏住筷子较粗的一端，提起筷子。

（3）用锤子不断向下敲击筷子较粗一端。

（4）仔细观察，发现橘子竟然顺着筷子慢慢往上爬。

 小提示

敲击筷子时，注意安全，不要敲到手。

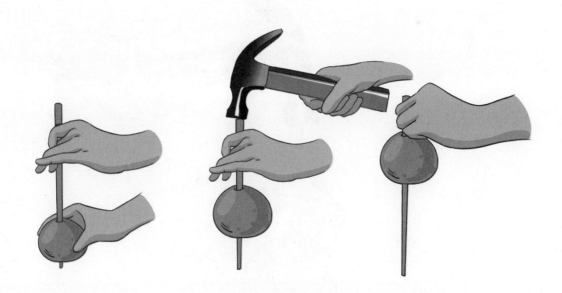

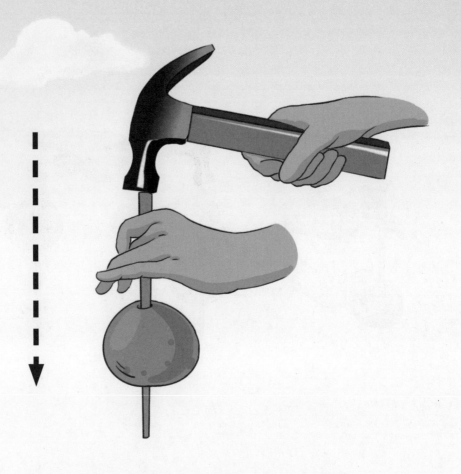

你知道吗

手提着筷子静止在空中，筷子和橘子都是静止的。当用锤子向下敲击筷子时，筷子受力，由静止变成向下运动，但橘子由于惯性还会保持原来的静止状态不变。这样，橘子和筷子的相对位置发生了变化，看上去，就像是橘子在沿着筷子向上爬一样。

都是重力惹的祸
重力

　　胖公主要去参加瘦公主的生日宴会，可是，她却遇到了好多麻烦事儿。这些都是谁惹的祸呢？对！是重力。那么——

　　什么是重力？

　　没有重力的世界是什么样子的？

　　生活中，你发现了哪些和重力相关的事情呢？

　　"要迟到了，要迟到了！"胖公主要去参加瘦公主的生日宴会。

临出门，她感觉有点口渴，忙冲进厨房，伸手去拿杯子倒水。

胖公主倒了满满一杯水，刚要喝，没想到手一滑，杯子掉到地上，摔了个粉碎。杯子里的水洒了一地。

　　哎呀！糟糕！胖公主伸手去拿抹布，一不留神，胳膊撞到了汤锅，汤锅砸到了一摞盘子，盘子又碰到了调料瓶，调料瓶又磕到了水果篮，水果篮又弄翻了一碗酱豆腐……

　　稀里哗啦！噼里啪啦！汤锅、盘子、调料瓶、水果、酱豆腐……都统统掉到了地上。唉！水没喝到，厨房却乱成了一团！

　　胖公主气得直嚷嚷："为什么这些汤锅、盘子、调料瓶、水果、酱豆腐……不往天上飞，偏偏要往地下掉呀？！摔坏了不说，还把地板弄得脏乎乎！"

　　胖公主手忙脚乱地收拾了好半天，这才把厨房清理干净。

　　收拾好厨房，胖公主急忙冲出家门，向瘦公主家跑去。她跑呀跑、跑呀跑，突然，脚被路上的一块小石头绊了一下，扑通！胖公主重重地摔到地上。

　　"可恶，可恶！"胖公主的膝盖磕红了一大块，火辣辣地疼。她揉揉膝盖，气哼哼地叫道："为什么人摔一跤，不会摔到天上去，偏偏要磕到地上呀？"

胖公主小心翼翼地站起来，一瘸一拐地往前走。

走着走着，突然，头顶上空飞过一只布谷鸟。啪嗒！一团鸟粪掉下来，不偏不倚，正好落到胖公主脑袋上。

"好恶心！"胖公主气急败坏地仰起头，对着天上的布谷鸟大叫，"为什么鸟粪不飘在半空中，偏偏要往地下掉？"

布谷鸟叫了两声，飞远了。胖公主只好气哼哼地用纸巾把头上的鸟粪擦干净，接着往瘦公主家走去。

胖公主走到一棵柿子树下。突然，砰！一个熟透的大柿子从树上掉下来，刚好砸在胖公主头顶上。熟透的大柿子在胖公主的头上开了花。顿时，胖公主的头发上、脸上、衣服上……到处都是黏糊糊的柿子汁。

"呜呜呜……这副狼狈样子，还怎么去参加瘦公主的生日宴会呀？！"胖公主用手抹了一把脸上的柿子汁，气得呜呜直哭，"为什么柿子熟透了，不往天上飞，偏偏要往地下掉呀？！"

这时，怪博士正好路过，听了胖公主的遭遇，怪博士不以为然地说："这可怪不得布谷鸟和柿子树，要怪，只能怪重力。"

"哼！"胖公主咬牙切齿地叫道，"原来，都是重力惹的祸！"她越想越气，心想："不如去找咕噜魔法师，请魔法师发明一种魔法，让地球上的重力统统消失！"

　　胖公主跑回家洗澡，又换了一身干净衣服。刚要去找咕噜魔法师，突然她觉得好累，于是趴在桌子上，想先休息一会儿。

　　"啊！救救我，快救救我！"朦朦胧胧中，胖公主听到一声声尖叫。

　　她迷迷糊糊地睁开眼，顺着声音看过去，发现牛小顿正贴在天花板上，满脸惊恐地向自己求救："快救救我！我有恐高症！"

胖公主忙站起来，
往上一跳，想去拉牛
小顿，结果，嗖的一下，
她的身体轻飘飘地飞起老高，咚！
撞到了天花板上。

胖公主疼得眼泪汪汪。她鼻子一酸，阿嚏——朝下
面打了一个大喷嚏。这个大喷嚏可不得了，就像刮起了一阵龙卷风，
桌子上的茶壶、茶杯、几片纸巾、半块苹果，还有几块碎饼干被喷到
半空中，在她和牛小顿身边飘来飘去。

"小心！"牛小顿大声提醒胖公主，"千万不要把饼干渣吸到肺里去。"

胖公主忙用手捂住鼻子。为了逃离饼干渣，他们手拉手，从打开
的窗户飞了出去。

天哪！外面的世界更疯狂！汽车、自行车、大人、小孩、老
人、大狗、小猫、兔子、长颈鹿、帽子、拐杖、皮沙发……
在半空中飘来飘去，空中就像开了一个大大的杂货铺。

更糟糕的是，胖公主和牛小顿觉得周围空
气越来越稀薄，呼吸越来越
困难。

"这是怎么回事
呀？"牛小顿大口
大口地喘着粗气，

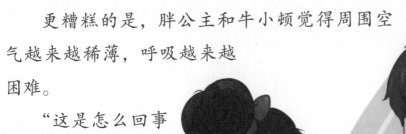

惊慌失措地问。

　　胖公主突然想到了怪博士的话："重力！一定是地球上的重力消失了，所以地球上的东西就都飞了起来，连空气也要飞走了。"

　　空气飞走了，我们还怎么呼吸呀？好可怕！

　　胖公主吓出了一身冷汗，猛地睁开眼，足足过了两分钟，她这才缓过神来，禁不住一阵高兴：哈！原来刚刚是在做梦呀！

　　胖公主站起来，向上跳了一下，又稳稳地落到了地上，她笑了："有重力的感觉真好！"

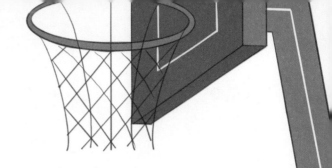

胖公主走出家门，她可不是去咕噜魔法师家，而是向瘦公主家走去。一路上，她看到瀑布在哗哗啦啦地往下流，小朋友在高高兴兴地滑滑梯，牛小顿在兴高采烈地打篮球。

"嗨！接住！"看到胖公主，牛小顿大喊一声，把篮球抛向胖公主。篮球在空中画出一条美丽的弧线，然后，向下、再向下……不偏不倚，刚好落到胖公主手里。

"你真棒！"牛小顿忍不住向胖公主竖起大拇指。

胖公主笑了："这，都是重力的功劳！"

地球就像一块大磁铁，它牢牢地吸引住周围所有物体。地球上所有物体受到地球的这个吸引力，就是重力。

有了重力，故事中的杯子、盘子、汤锅、鸟粪、柿子等等物体才不会往上飞，而是向下掉；有了重力，人才能安安稳稳地站在地面上，不会飘到半空中；有了重力，水才会呼呼啦啦地往低处流，小朋友滑滑梯才能从高处滑到低处；有了重力，牛小顿抛出的篮球才会又重新下落，落到胖公主手里。

如果没有了重力，也就是地球对周围的物体没有吸引力了，就像我们拉着氢气球的手放开了一样，就会出现胖公主梦境中的场景，引发一系列的大麻烦。

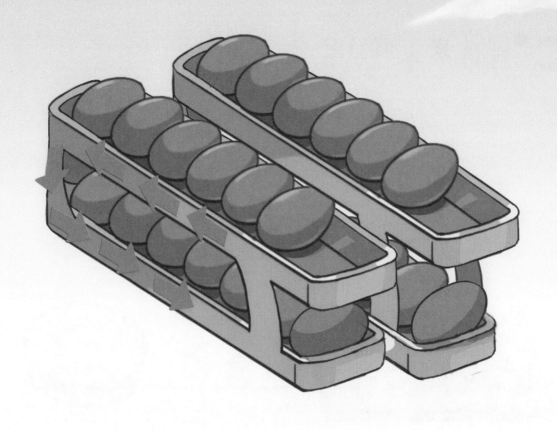

会"滚蛋"的鸡蛋盒

    会"滚蛋"的鸡蛋盒，和传统的鸡蛋盒不同。需要鸡蛋时，你不用把整个鸡蛋盒拉出来，也不用开盖。只需从下层最外面的位置，轻轻拿出一个鸡蛋，其余的鸡蛋会自动向外滚，把刚拿走鸡蛋的空位填补上，既省力又方便。

    鸡蛋之所以能自动补位，是因为鸡蛋盒就像个小"滑梯"，有个很小的坡度，外面鸡蛋被拿走，里面的鸡蛋会在重力的作用下，沿着小小的斜坡滚下来。

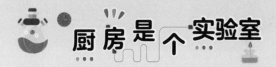

听话的饼干盒

🔍 实验准备

菜板　胶带　空饼干盒　盘子　铁锁

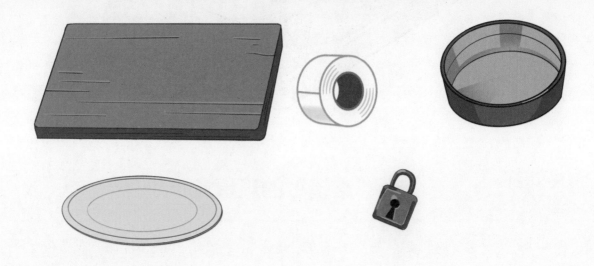

🧪 实验步骤

（1）盘子倒扣，菜板一端搭在盘子上，成一个斜坡。

（2）把铁锁用胶带固定在饼干盒里。

（3）把饼干盒放在斜坡靠下位置，让铁锁在斜坡接触点往上的一侧。

（4）放开手，仔细观察，发现饼干盒竟然从低处向高处跑。

（5）把饼干盒放在斜坡靠上位置，让铁锁在接触点往下的一侧。

（6）放开手，仔细观察，发现饼干盒从高处往低处跑。

（7）把饼干盒放在斜坡上，让铁锁在接触点处。

（8）放开手，发现饼干盒停在斜坡上一动不动。

 **小提示**

　　做这个小实验时，你可以先不让别人知道饼干盒里有什么，然后把盒底对着观众，像表演魔术一样，给别人表演这个实验。观众们看到饼干盒在斜坡上，竟然能从低处往高处跑，一定会惊叹不已。

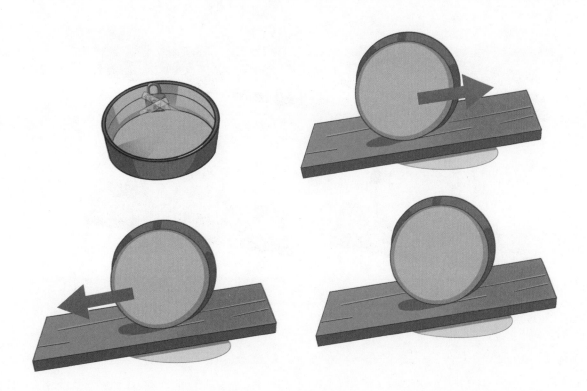

当铁锁与斜面接触点有一定距离时，放开手，铁锁就会在重力的作用下，向下运动。因为铁锁固定在盒子里面，所以铁锁会带着盒子一起运动。当铁锁在接触点朝向下方的一侧时，会带着饼干盒往下运动；当铁锁在接触点朝向上方一侧时，会带着饼干盒向上运动；当铁锁在接触点处时，会停在原地不动。

魔法师的新魔法

重心

咕噜魔法师学了一种新魔法——"变美"魔法。他想把周围的一切都变美。

接下来，咕噜魔法师用"变美"魔法，把什么变美了呢？

把他们变成什么样子了？

他们"变美"后都有哪些遭遇呢？

最近，咕噜魔法师学了一种
新魔法——"变美"魔法。他想用这个新
魔法，把周围的一切都变美、变漂亮。

今天一大早，咕噜魔法师来到河边练习他的
新魔法。到了中午，他觉得肚子有点饿，于是把魔法书放进口袋里，
开始往家走。咕噜魔法师走到慢吞吞小姐家门前时，看到慢吞吞小姐
正在厨房里忙碌。

"你在忙什么呢？"咕噜魔法师随口问。

"我在腌萝卜。"慢吞吞小姐抬手指了指灶台上一大盆萝卜条，又
对着地上一个又矮又粗的陶瓷罐子努努嘴，"把这些萝卜条腌在罐子
里，过几个月，就能吃到脆脆的爽口萝卜了。"

"不错，不错！"咕噜魔法师点点头。他看了一眼地上的罐子，
立刻叫起来，"这个罐子好丑！又矮又粗。我要把这个罐子变高、变
美、变漂亮！"

魔法师说着，举起魔法棒，对着陶瓷罐子念起了魔法咒语："唏哩

呼噜、叽里咕噜……变！"

滴哩哩—— 一阵亮晶晶的小星星闪过，又矮又粗的陶瓷罐变成了又高又细的陶瓷罐。

"瞧！这样的陶瓷罐多苗条、多好看！"咕噜魔法师很满意地看着自己的作品。

慢吞吞小姐把萝卜条倒进又高又细的陶瓷罐，然后转身去端调好的盐水。慢吞吞小姐一不小心，胳膊肘碰到了陶瓷罐。陶瓷罐左右摇晃了好几下，咕咚一声倒了，里面的萝卜条洒了一地。

"哎呀呀！糟糕！"慢吞吞小姐看着满地萝卜条，急得脸通红。她对魔法师抱怨道："又高又细的陶瓷罐虽然好看，但一点儿也不稳当，一碰就倒。"

咕噜魔法师咧咧嘴，干笑了几声，急忙溜走了。

他走到"什么都有"杂货店门口，看到急匆匆先生正在往三轮车上装东西——一个书桌、一个书架和一台电视机。

"你这是在做什么？"咕噜魔法师随口问。

"这是我新买的书桌、书架和电视机。"急匆匆先生说着兴冲冲地把电视机搬到三轮车上，又把书桌面朝下、书架横过来，一起放到电视机上。

"等一等。"咕噜魔法师扯住急匆匆先生的胳膊，"这样摆放一点儿都不美！电视机的包装箱又大气又好看，你应该把好看的摆在上面，把其貌不扬的书架和书桌放在下面。"咕噜魔法师说完，对着急匆匆先生的三轮车

挥了挥魔法棒："唏哩呼噜、叽里咕噜……变！"

滴哩哩—— 一阵亮晶晶的小星星闪过，三轮车上的电视机、书桌、书架的位置变了：书桌在最下面，书架放在书桌上，电视机飞到了高高的书架上面。

"瞧！这样一摆放，漂漂亮亮的电视机最显眼，多好看！"咕噜魔法师很满意地拍了拍手。

"好吧。"急匆匆先生开着三轮车就走。刚走出没多远，书架上的电视机就开始摇摇晃晃，最后，咕咚一声从高高的书架上翻了下来，摔到了地上。

"哎呀呀！糟糕，糟糕！"急匆匆先生忙跳下三轮车，打开电视包装箱一看，又急又气地嚷嚷道，"天哪！电视屏幕都摔碎了！都怪

你，这样摆放好看是好看，可一点儿都不稳当，车一动电视机就翻了！"

咕噜魔法师害怕急匆匆先生让他赔电视机，忙一捂脸，灰溜溜地逃跑了。

他跑呀跑，跑啊跑，直跑到汗流浃背、上气不接下气，这才停下来。咕噜魔法师刚停住脚，发现瘦公主正在前面散步。

"等一等。"咕噜魔法师忍不住叫住瘦公主，上下打量着她，说，"你身材有点矮，不太好看。我能把你变高、变美、变漂亮。"

"好哇，好哇！"瘦公主很高兴。

咕噜魔法师对着瘦公主挥了挥魔法棒："唏哩呼噜、叽里咕噜……变！"

瘦公主变高、变高、再变高……最后，瘦公主变得和长颈鹿一样高。

瘦公主试着往前走了几步，身体左摇右摆，没走几步就啪嗒一下重重地摔到了地上。她坐在地上，不敢起来："我一站起来，就感觉摇摇晃晃，站立不稳。"

瘦公主从包里掏出小镜子一照，脸上摔得青一块、紫一块。她对咕噜魔法师抱怨道："我这个样子也不好看哪，而且一走路总是摇摇晃晃的，想摔跤。"

咕噜魔法师不好意思地红了脸，他顾不上回家吃饭，朝河边跑去。

瘦公主高声问："您这是去做什么呀？"

"去学新魔法——"咕噜魔法师头也不回，大声答道，"'变稳'的魔法！"

物理来揭秘

地球上的所有物体都会受到地球对他们的吸引力，这个吸引力就是重力。一个物体所受的重力，可以看做是集中在一个点上，这个点就是物体的重心。

（1）物体的重心越低越稳定，越高越不稳定。

慢吞吞小姐的咸菜罐本来又矮又粗，重心低，很稳定。可是，咕噜魔法师把慢吞吞小姐的咸菜罐变得又高又细，于是，咸菜罐重心高了，变得不稳定，容易摔倒了。

瘦公主被变得像长颈鹿一样高，重心也变高，瘦公主站立不稳，容易摔跤了。

（2）材质不均匀或形状不规则的物体，重心位置会偏向重的部分。

　　在装货物时，我们一般会把重的东西放到下面，轻的东西放在上面。这样，整体货物的重心就会放低，货物稳定不容易倒。可咕噜魔法师为了好看，偏要把重的电视机放到轻的书架上，整体货物的重心变高，货物不稳定，容易倒。

不倒翁

　　不倒翁是我们常见的一个小玩具，它像个憨态可掬又顽强的小胖子，不管我们怎样拨弄，它也绝不会倒。不倒翁不倒的秘密在于它上轻下重，重心很低很低。当不倒翁直立时，重心位置最低，这时不倒翁最稳定。当它受力摇摆时，重的地方向上摆，重心被抬高，不倒翁会在重力作用下迅速回到原来稳定站立的状态。

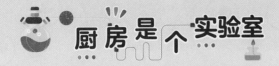

厨房是个实验室

神奇的牙签

🔍 实验准备

小刀 4根牙签 菜板 胡萝卜

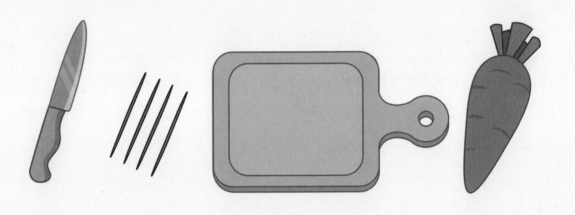

🧪 实验步骤

（1）把胡萝卜洗干净，放在菜板上，用小刀切下一小段。

（2）把切下来的小段胡萝卜，再切成大小相等的4小块。

（3）取3小块胡萝卜穿上牙签，组装在一起。

（4）再切一段胡萝卜当作底座，在底座胡萝卜上也插上牙签。

（5）把组装好的胡萝卜，放到底座胡萝卜的牙签上。

（6）不断调整位置，最后，组装好的胡萝卜，竟然凭借一根小小的牙签，立在底座牙签上啦！

小提示

切胡萝卜和穿牙签时，一定要注意安全，请在家长陪同下完成。

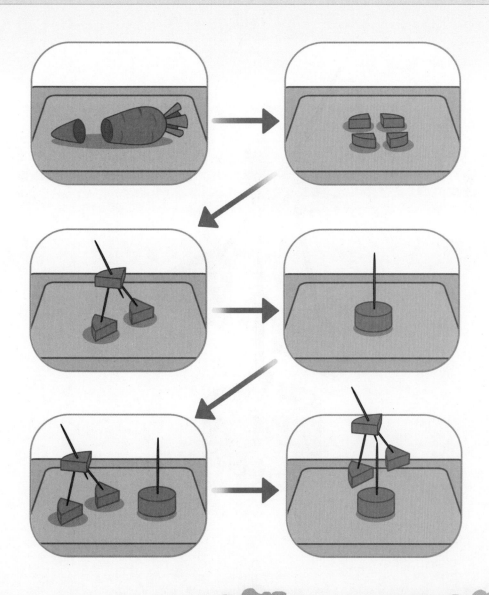

组装胡萝卜没有掉下去，而是稳稳地立在底座牙签上，是因为组装胡萝卜的重心正好落在牙签交叉点的下方。这时，它的重心是最低的，也是最稳定的状态。它就像一个不倒翁一样，如果用手去转动这个组合胡萝卜，它的重心被抬高，它会立刻在重力的作用下，重新回到重心最低的位置。所以，即使用手去转动它，它也不会掉。

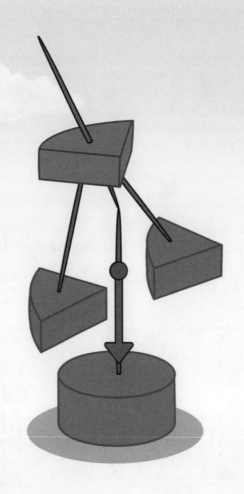

滑溜溜王国历险记
摩擦力

牛小顿最近有点儿烦，他吃鸡蛋被噎、推橱柜被累趴、鞋底被磨破。这些都是谁在捣乱？

在咕噜魔法师帮助下，牛小顿来到了滑溜溜王国。

牛小顿在滑溜溜王国过得开心吗？

牛小顿打完羽毛球回家，觉得肚子好饿。他冲进厨房，找来几个煮鸡蛋。

牛小顿剥开鸡蛋壳，狼吞虎咽起来。突然，嗝——鸡蛋黄噎在嗓子眼儿，上不来、下不去，好难受！

这时，怪博士刚好从窗外经过。看到牛小顿捏着嗓子直翻白眼，怪博士忙跑进厨房，接了一杯温水给牛小顿。牛小顿喝了一口水，噎在嗓子里的鸡蛋黄倏地一下滑进了肚子里。

牛小顿这才顺过气来，好奇地问："为什么鸡蛋黄噎在嗓子里，喝一口水，它就能滑下去了呢？"

"你吃得太急，鸡蛋黄没有嚼碎，也没有和唾液充分混合，导致鸡蛋黄和嗓子之间的摩擦力太大。于是，鸡蛋黄就噎在嗓子眼咽不下去了。"怪博士笑眯眯地向牛小顿解释，"喝口水润滑一下，摩擦力变小，鸡蛋黄就滑下去了。"

"哦……原来是摩擦力在捣乱哪。"牛小顿恍然大悟。他坐在餐桌前，泡了两杯茶，然后笑嘻嘻地对怪博士说："您快坐下来休息一会儿，喝喝茶，看看窗外的风景……"说着，他扭头朝窗外看，没看到好风景，只看到一个大书柜。

"唉！这个书柜挡在窗户前可真碍事。我得把它推到墙角去。"牛小顿说干就干，他站起来，伸出胳膊，憋足了劲儿把书柜往墙角推。

嘿哟，嘿哟！牛小顿推了半天，累得趴在墙上直喘粗气，可回头一看，发现书柜才推出不到半米远。

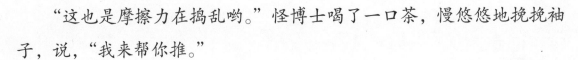

"这也是摩擦力在捣乱哟。"怪博士喝了一口茶，慢悠悠地挽挽袖子，说，"我来帮你推。"

两个人使劲儿推呀推，直推到筋疲力尽，书柜还是没有推到墙角。

怪博士叹口气："唉！书柜和地面之间的摩擦力太大，我们两个力

气太小，根本就推不过去！"他摇摇头，擦着汗回家了。

牛小顿心想：急匆匆先生力气大，不如我去找急匆匆先生来帮忙吧。

于是，牛小顿穿上外套，换上运动鞋，刚要出门。突然，他觉得脚下凉飕飕的，忙抬脚一看：呀！原来是鞋底被磨破了。牛小顿把磨破的鞋子扔进垃圾桶，气急败坏地叫道："哼！一定又是摩擦力在搞破坏。可恶的摩擦力！"

牛小顿换了一双新鞋子，他没有去找急匆匆先生，而是跑到咕噜魔法师家。

咕噜魔法师正在院子里练习魔法。牛小顿气鼓鼓地对魔法师说："摩擦力太可恶了！您有没有让摩擦力消失的魔法呀？"

咕噜魔法师摇摇头："这样的魔法，我还没有学会。不过，我知道有一个王国，叫滑溜溜王国，那里到处都是滑溜溜的，几乎没有摩擦力。如果你不喜欢摩擦力，可以去滑溜溜王国住上一段时间。"

"好呀，好呀！"牛小顿想立刻体验一下没有摩擦力的感觉。可是，很快他又犯了难："滑溜溜王国一定离得很远吧，我该怎么去呢？"

"滑溜溜王国离我们稀奇古怪国很远很远，而且没有交通工具能到达。不过……"咕噜魔法师甩了甩魔法棒，说，"我最近新学了一种瞬间转移魔法，可以把人瞬间转移到任何想去的地方。"

"那还等什么，"牛小顿迫不及待地跳到魔法师跟前，拍拍胸脯，"快把我转移到滑溜溜王国去吧。"

"好吧"。咕噜魔法师念了几句魔法咒语，然后，把魔法棒对着牛小顿挥了挥——滴哩哩，一阵亮晶晶的小星星闪过，牛小顿瞬间来到了滑溜溜王国。

牛小顿站在滑溜溜王国的大街上，抬脚刚要走，没想到地上滑溜溜，他脚下一滑，摔到地上。

牛小顿趴在地上，哧溜溜地一直向前滑，直到咚的一声，撞上一家包子铺的大门，他这才停下来。

"好险！好险！"牛小顿脑门儿上鼓起个大包。他疼得龇牙咧嘴，小心翼翼地从地上爬起来，像滑冰一样，滑进了包子铺。

"我要一盘肉包子。"牛小顿点完餐，一屁股坐到凳子上。可凳子就像抹了油一样滑溜溜，牛小顿哧溜一下滑到了地上。

唉！不能坐，那就站着吃吧。服务员给牛小顿端来一盘肉包子，小心翼翼地放到桌子上。牛小顿伸手去拿，可这些包子滑溜溜的像泥鳅，刚抓起来，就又滑了下去，怎么也抓不到手里。

包子吃不到，那就喝杯水吧。牛小顿去端桌子上的一杯水，可是杯子更是滑溜溜，根本就端不起来。

没办法，牛小顿又渴又饿，他滑到旁边一家宾馆，想先睡一大觉。

牛小顿躺到床上，没想到床也是滑溜溜的！他一翻身，就哧溜一下滑到了地上，就连他身上盖的被子也跟着滑溜溜地溜到了地上。

牛小顿只好抱着胳膊蹲在地上。到了半夜，他又渴又饿、又困又冷，想给咕噜魔法师打电话。可是，电话听筒滑溜溜的，根本就抓不起来。

这可怎么办呀？牛小顿发现电话旁边有一副胶皮手套，手套上满是深深浅浅的花纹。他戴上手套，又试着

拿了拿电话听筒：

哈！听筒竟然很轻

松地拿了起来！

　　牛小顿激动地拨通咕噜魔法师的电话：

"咕噜魔法师，麻烦您赶快、立刻、马上用瞬

间转移魔法把我转移回去吧，这个滑溜溜王

国，我是一刻也待不下去了！"

　　"可是……"电话里传来咕噜魔法师很

为难的声音，"我只学会了'瞬间转

移出去'的魔法，还没学会'瞬间

转移回来'的魔法呢。"

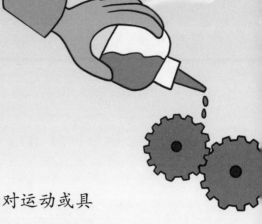

物理来揭秘

我们时时刻刻生活在摩擦力的世界里。吃饭时食物和嗓子之间有摩擦力，走路时鞋子和地面之间有摩擦力，睡觉时人和床铺之间有摩擦力……

两个相互接触的物体，当它们发生相对运动或具有相对运动趋势时，会在接触面上产生阻碍相对运动或相对运动趋势的力，这种力就叫摩擦力。

摩擦力就像一个捣蛋鬼，你想往东，它偏要向西。比如牛小顿推着柜子在地上走，柜子相对地面向前运动，于是，地面给柜子一个向后的摩擦力，阻碍柜子向前运动。

（1）摩擦力有时对人不利。

摩擦力太大，推东西太费劲，鞋子、齿轮等磨损会很大，等等。这时，需要减少摩擦力。

要减小摩擦力，可以把接触面弄得光滑一点。比如自行车齿轮间加润滑油；吃的饭菜太粗糙时，可以喝点水润滑一下。另外，滚动摩擦比滑动摩擦小，因此把滑动摩擦变成滚动摩擦也能减少摩擦力。比如，给柜子加上轮子，更容易推动。

（2）摩擦力有时对人有利。

如果摩擦力太小，就会像故事中的牛小顿一样，走路、吃饭、喝水、睡觉、拿东西等都变得很困难。这时，需要增大摩擦力。

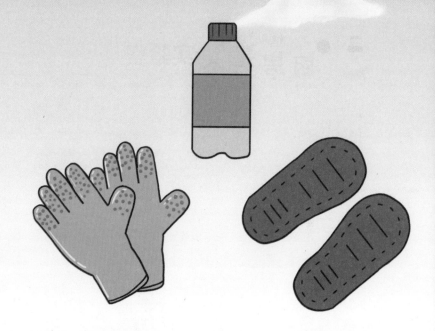

要增大摩擦，可以让接触面变得粗糙一些。比如给杯子加上橡胶套、人穿上防滑鞋、汽车轮胎缠上铁链等。

好看的花纹

很多物品上刻有花纹，比如瓶盖上、鞋底上、自行车的车把上、汽车的轮胎上、橡胶手套的手指上……你可别以为这些花纹只是为了好看，其实，它们的主要作用是让物体表面变得更粗糙，增大摩擦力。这样，瓶盖才更容易拧开，鞋子才不容易打滑，车把才更容易握紧，汽车才能稳稳行驶，戴上橡胶手套洗碗时，碗才不容易从手里滑落。

书本大力士

🔍 实验准备

2个衣架　2本书　1桶矿泉水

实验步骤

（1）把两个衣架分别夹到两本书中。

（2）把两本书的书页交错叠放在一起。

（3）用一个衣架勾住矿泉水的提手。

（4）手握住另一个衣架，向上提。

（5）两本书竟然能把一桶矿泉水轻松提起。

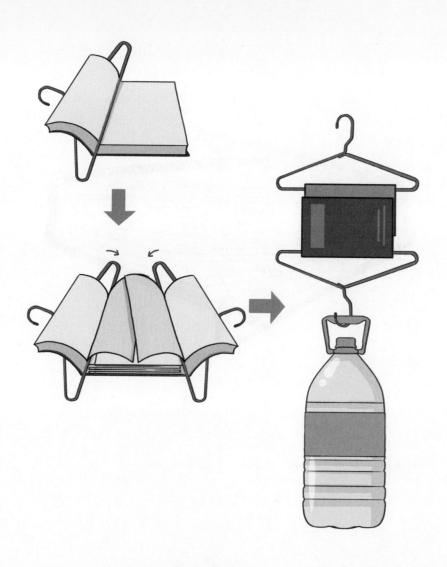

两本书的书页与书页紧贴在一起，在矿泉水和手的拉力下，其中一本书有向上运动的趋势，另一本书有向下运动的趋势，于是，两本书的书页之间就有了摩擦力。虽然两页之间的摩擦力并不大，但整本书的书页之间的摩擦力却是巨大的。当矿泉水对书页的拉力，小于两本书之间的最大静摩擦力时，矿泉水就能被轻松提起了。

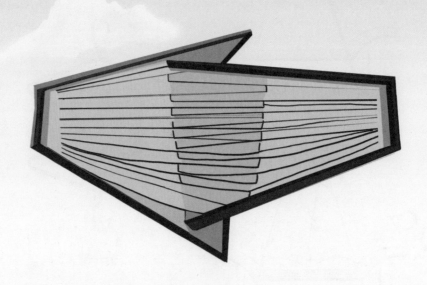

浮浮沉沉的愿望瓶

浮力

　　嘟嘟国王做了一个愿望瓶。愿望瓶装着嘟嘟国王和牛小顿的愿望，在水面上漂哇漂……一个又一个人把自己的愿望也装进了愿望瓶。最后，愿望瓶又被牛小顿发现啦！他是在哪里发现的呢？

　　滴答国的滴答国王送给嘟嘟国王一大瓶巧克力。

　　过了几天，巧克力快吃完了。嘟嘟国王从瓶子里拿出最后一颗巧克力，他看了看大大的玻璃瓶，觉得扔掉很可惜。站在一边的牛小顿提议："我们可以把这个玻璃瓶，做成一个愿望瓶。"

　　"真是个好主意！"嘟嘟国王点点头，从抽屉里拿出纸和笔。他把纸撕成两半，一半递给牛小顿，一半留给自己。

　　他说："我们把自己的愿望写在纸条上吧。"

　　"好吧。"牛小顿写：

　　"我的脑袋里装满了小问号，都快被撑爆了！我想要个'什么都懂'的小机器人。这样，我知道的就会越来越多，小问号就会越来越少了。

——好奇心极强的牛小顿。"

嘟嘟国王写：

"我有一颗牙齿总是又酸又疼，我想要一颗特效牙疼药。只吃一颗，牙齿就永远都不会疼了。

—— 一个牙疼的国王。"

嘟嘟国王想了想，又在"特效牙疼药"前面加上了"像巧克力一样甜的"。

嘟嘟国王把两张纸条放进玻璃瓶，他想了想，又把最后一颗巧克力也放了进去。然后，嘟嘟国王把瓶盖拧紧。

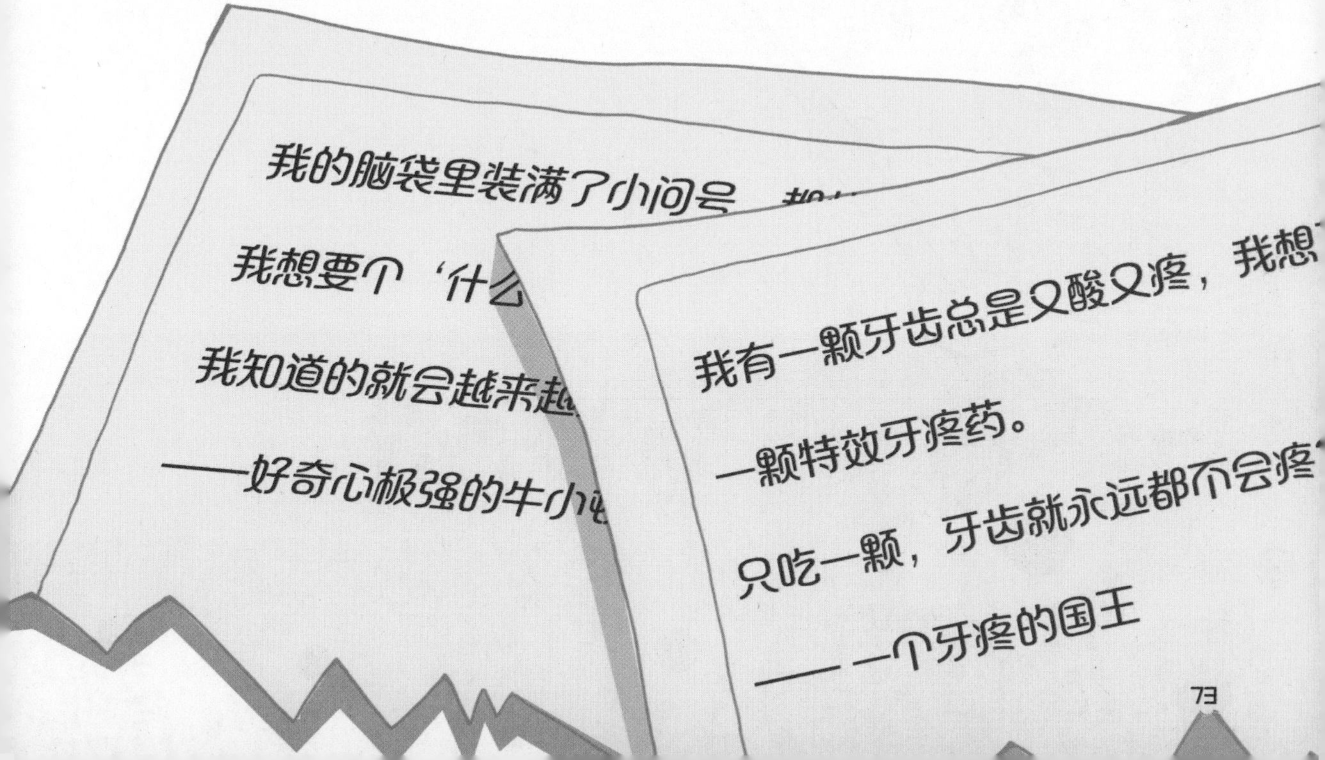

嘟嘟国王和牛小顿来到河边，把玻璃瓶放进河水里。玻璃瓶像一艘小船一样载着他们两个的愿望，漂浮在水面上，越漂越远。

愿望瓶漂呀漂……

一个坐在窗边写作业的男孩向窗外望去，刚好看到这个愿望瓶。他忙跳起来，跑到屋外，用一根细长的竹竿把漂流瓶捞了上来。

男孩打开瓶盖，看了瓶子里的愿望，他想：我也写一写我的愿望吧，说不定能实现呢。于是，男孩翻出一张信纸，在上面写：

"我想要一只宠物小狗，可妈妈说养小狗好麻烦。于是，她给我捉了一只蜗牛

当宠物。可我不喜欢蜗牛，这只蜗牛整天缩在壳子里睡大觉。如果我
有一只小狗，该多好哇！

——一个喜欢小狗的男孩。"

男孩想了想，又用橡皮泥捏了一只小狗。他把橡皮泥小狗和自
己的愿望，一起放进了愿望瓶。男孩拧紧瓶盖，又把愿望瓶放进河
水里。

愿望瓶向下沉了一些，像是一艘载了货物的小船，漂在水面上，
越漂越远。

愿望瓶漂呀漂……

一个正在去上学的小姑娘看到了，好奇地用树枝把愿望瓶捞上
来。看了里面的愿望，小姑娘想："我也把我的愿望写一写吧！"

她坐在路边的长椅上，从书包里拿出纸和笔，开始写：

"我不喜欢吃鸡蛋。可是，妈妈每天早上都逼着我吃鸡蛋。没办法，我只好偷偷地把鸡蛋藏在口袋里，带出来给小流浪猫吃。可最近几天，我发现连小流浪猫都不喜欢吃鸡蛋了。我希望每一个鸡蛋都是冰淇淋味儿的，那样的话，我和小猫就都爱吃鸡蛋了。

—— 不喜欢吃鸡蛋的小姑娘。"

　　小姑娘想了想，从口袋里掏出一个鸡蛋。她把鸡蛋和自己的愿望一起放进愿望瓶，然后，拧紧瓶盖，把愿望瓶放进水里。

　　咕嘟！愿望瓶竟然一下子沉到水下去了。

　　愿望瓶在水下游呀游……

　　一个开潜水艇的年轻人发现了它。年轻人一把抓住愿望瓶，看了里面的愿望，他想："我也把我的愿望写一写吧，说不定能实现呢！"

　　年轻人拿出纸和笔，开始写：

　　"我已经有399天没有回家了。每天在潜水艇里潜水，我见过比轮船还长的大鱼，见过比彩虹还美的珊瑚，见过比星星还密的鱼群……可我最想见的，是挂在家乡院子树梢上的月亮。

　　—— 一个想家的年轻人。"

年轻人想了想，从一个盒子里翻出很多贝壳，挑选出黄色的贝壳，然后，用胶水把黄色贝壳粘呀粘，粘成一个圆圆的月亮。他把自己的愿望和贝壳做的月亮，一起装进愿望瓶，又把愿望瓶放进水里。

愿望瓶向下沉呀沉，一直沉到水底。

几个月过去了。一天，嘟嘟国王和牛小顿在河里游泳，突然，牛小顿脚下被什么东西硌了一下。他忙钻进水里，把这个东西捞上来一看——

"哇！"牛小顿一阵惊呼，"瞧呀！我们的愿望瓶！"

　　"果然是我们的愿望瓶呢！"嘟嘟国王很高兴。他们两个来到岸边，打开愿望瓶，兴冲冲地读着每一个人的愿望。他们两个一会儿开心得哈哈大笑，一会儿又感动得热泪盈眶。

　　读着读着，突然，牛小顿脑子里冒出一个小问号："我们的愿望瓶本来是漂在水面上的，可是，为什么刚刚我发现愿望瓶时，它却是在水底呢？"

　　是啊，为什么呢？

物理来揭秘

　　一根木头扔进水里，木头不会沉到水底，而是漂浮在水面上，这是因为木头受到水竖直向上托举的力，这个力就是浮力。可是，一个铁块扔进水里，铁块却沉到水底，这并不是铁块没有受到水给它向上托举的浮力，而是铁块太重了。

　　把一个物体完全浸入水里，这时——

　　浮力＞重力，物体会上浮，最后，漂在水面上。

　　浮力＝重力，物体会悬浮在水里。

　　浮力＜重力，物体会沉到水底。

　　刚开始的时候，愿望瓶很轻，所受的重力也很小。这时，如果把愿望瓶整个按进水里，它所受的浮力＞重力，一松手，愿望瓶就会向上浮，最后，漂浮在水面上。

　　随着瓶子里的"愿望"越来越多，愿望瓶变得越来越重。当浮力＝重力时，愿望瓶沉到水面下，像潜水艇一样悬浮在水中。

　　年轻人把用贝壳粘成的月亮放进愿望瓶以后，愿望瓶所受的重力更大了。这时，浮力＜重力，愿望瓶沉到水底。

　　所以，最后，牛小顿在水底发现了这个愿望瓶。

潜水艇

　　潜水艇能自如地在水里浮浮沉沉，这是因为潜水艇里有个压载水舱。当潜水艇想要向下潜水时，就向水舱充水，让潜水艇变重，当它所受的重力大于浮力时，潜水艇向下潜入水中；当水舱中充入适量水时，潜水艇的重力正好等于完全浸入水中所受浮力时，潜水艇悬浮在水里；如果潜水艇想要上浮，那么可以把水舱里的水排出一部分，潜水艇的重力减小，小于完全浸入水中所受浮力时，潜水艇上浮，浮出水面。

水舱

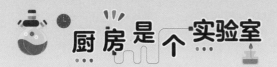
小小潜水艇

🔍 实验准备

口服液小药瓶　矿泉水塑料瓶　水

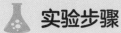 **实验步骤**

（1）在口服液小药瓶里，加水到半瓶。

（2）在矿泉水塑料瓶中，倒入大半瓶水。

（3）快速地把小药瓶倒放在矿泉水瓶中。

（4）仔细观察，发现小药瓶漂浮在水上。

（5）拧紧瓶盖，用手捏压矿泉水瓶。发现小药瓶往下沉。

（6）松开手，发现小药瓶向上浮。

（7）不断挤压塑料瓶，当挤压力合适时，小药瓶会悬浮在水中。

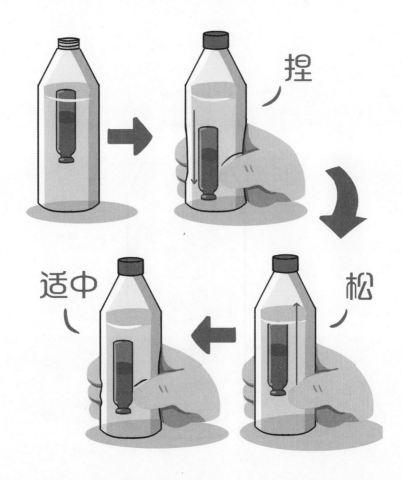

用手挤压、放开塑料瓶，口服液小药瓶就会像一艘小小的潜水艇一样，上下浮浮沉沉。

当我们用力挤压塑料瓶时，塑料瓶里面的气体压强增大，就会把水压入小药瓶一部分，使小药瓶变重，所受重力增大，当重力>浮力时，小药瓶往下沉；当我们松开手后，塑料瓶内气体压强减小，小药瓶内的空气会把小药瓶内的水压出一部分，使小药瓶变轻，所受重力减小，当重力<浮力时，小药瓶上浮；如果我们用力恰到好处，小药瓶不轻也不重，所受重力刚好等于浮力，这时，小药瓶就会悬浮在水中。

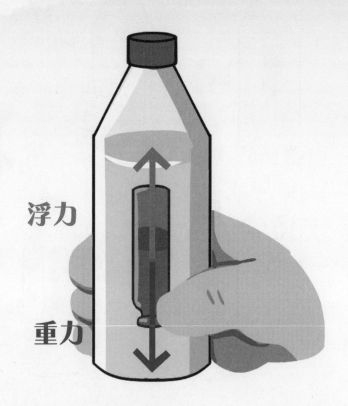